Sitzungsberichte
der Heidelberger Akademie der Wissenschaften
Stiftung Heinrich Lanz
Mathematisch-naturwissenschaftliche Klasse
Abteilung A.
Jahrgang 1923. 4. Abhandlung.

Beiträge zur Inversionsgeometrie III.

Von
Heinrich Liebmann
in Heidelberg.

Eingegangen am 7. Juni 1923

Berlin und Leipzig 1923
Walter de Gruyter & Co.
vormals G. J. Göschen'sche Verlagshandlung / J. Guttentag, Verlagsbuchhandlung / Georg Reimer / Karl J. Trübner / Veit & Comp.

Beiträge zur Inversionsgeometrie III.

Die fruchtbaren Leitgedanken für die Behandlung der inneren Geometrie einer Gruppe sind im Artikel III AB 4b der Mathematischen Encyklopädie (G. FANO, Kontinuierliche geometrische Gruppen) Nr. 37 dargelegt und es liegen bekanntlich auch aus jüngster Zeit viele allgemeine und spezielle Untersuchungen vor, die ihnen folgen. In diesem Sinne wurde der hier vorliegende dritte Beitrag[1]) zur Inversionsgeometrie verfaßt.

In § 1 werden die Gesichtspunkte für die innere Geometrie durch die Begriffe: Eigenparameter, Eigengruppe, Extremalenproblem gegliedert. In § 2 wird die Gruppe der ebenen Kreisverwandtschaften demgemäß behandelt mit Hinweis auf die LAGUERREsche Inversionsgeometrie. § 3 endlich holt den Beweis eines schon früher[2]) mitgeteilten Satzes über Minimalflächen nach.

§ 1. Die innere Geometrie der Gruppen.

1. Der Eigenparameter. Wenn eine Gruppe durch einfache geometrische Eigenschaften gekennzeichnet ist, so gelangt man leicht zu dem für ihre Behandlung geeigneten invarianten Eigenparameter, dem bei der Gruppe der ebenen Bewegungen die Bogenlänge entspricht.

Bei der sechsgliedrigen Gruppe der ebenen Kreisverwandtschaften z. B. ist zu beachten, daß Kreise in Kreise übergehn und Winkel ungeändert bleiben. Es bestimmen aber zwei benachbarte Linienelemente einer Kurve den Krümmungskreis. Der Winkel des dritten benachbarten Linienelementes mit dem Krümmungskreis ist dann invariant. Bezeichnet man alsdann mit s die Bogenlänge, mit ϱ den Krümmungsradius, mit τ den Neigungswinkel der Kurve, mit $\bar{\tau}$ den des Kreises, so ist

$$\bar{\tau}' = \tau' = \frac{s'}{\varrho},$$

---

[1]) Vgl. Die LIEsche Cyklide und die Inversionskrümmung. Heidelberger Berichte 1922 (3. November) zweite Abhandlung (angeführt mit „J. I"). Beiträge zur Inversionsgeometrie der Kurven. Münchener Berichte 1923 (3. Februar). (Wird in F. angeführt mit „J. II.")

[2]) „J. I."; Seite 18.

aber
$$\bar{\tau}'' = \frac{s''}{\varrho}, \quad \tau'' = \frac{s''}{\varrho} - \frac{s'\varrho'}{\varrho^2},$$
also wird
$$\bar{\tau}'' - \tau'' = \frac{s'\varrho'}{\varrho^2}$$
eine Invariante. Demgemäß wird der Eigenparameter aus
$$dt = \frac{\sqrt{ds\,d\varrho}}{\varrho}$$
zu bestimmen sein.[1])

Noch ein Beispiel möge hier herangezogen werden, die zehngliedrige projektive Gruppe des linearen Komplexes. Drei Punkte ABC und eine von C ausgehende Gerade haben zusammen $3+3+3+2=11$ Bestimmungsstücke, die jedenfalls eine Invariante besitzen, und es kommt nur darauf an, sie als Doppelverhältnis zu erfassen. Die durch die drei Punkte bestimmte Ebene (ABC) ist Nullebene eines bestimmten ihr angehörigen Punktes S, und auf CS liegt noch ein Punkt C_1 der Geraden (AB) und der Spurpunkt C_2 der Polaren von g auf (ABC). Das Doppelverhältnis
$$\frac{SC_1}{CC_1} : \frac{SC_2}{CC_2}$$
ist dann invariant bei der Gruppe des Komplexes und führt durch Grenzübergang auf den Eigenparameter, der für die Invariantentheorie der Kurven zu verwenden ist.

Ist der (bei allen Transformationen einer Gruppe invariante) Eigenparameter gefunden, so bestimmen sich die Erweiterungen jeder der Gruppe angehörigen Transformation

[1]) Vgl. „J. II." § 1. — Genau so erhält man den Eigenparameter für die Inversionsgeometrie der Raumkurven. Entwickelt man nämlich den Richtungscosinus $u = \cos\alpha$ der Kurventangente nach Potenzen von Δs und versteht unter $1:r$ die Krümmung, $1:\varrho$ die Torsion, so kommt
$$u = \cos\alpha + \frac{\cos\lambda}{r}\Delta s + \left(-\frac{r'}{r^2}\cos\lambda - \frac{\cos\alpha}{r^2} + \frac{\cos\varphi}{r\varrho}\right)\frac{\Delta s^2}{2} + \ldots$$
Für die Richtung $(u+\delta u,\ v+\delta v,\ w+\delta w)$ des Krümmungskreises erhält man diese Formel mit der Vereinfachung $r'=0$, $1:\varrho=0$. Es ist also
$$4\,\Sigma\,\delta u^2 = \frac{1}{r^4}\left(r'^2 + \frac{r^2}{\varrho^2}\right)ds^2$$
invariant, daher (mit Einführung des Radius R der Schmiegungskugel)
$$dt = \frac{R^{\frac{1}{2}}}{r\varrho^{\frac{1}{2}}}\,ds$$
das Differential des Eigenparameters. — Auf eine höhere Invariante führt die Berechnung des Winkels, den die durch drei Linienelemente bestimmte Schmiegungskugel mit dem vierten Element einschließt.

$$U(f) \equiv X\frac{\delta f}{\delta x} + Y\frac{\delta f}{\delta y},$$

also die Zuwachsgrößen der Differentialquotienten $x_1, y_1, x_2, y_2 \ldots$ nach dem Eigenparameter, aus den Formeln

$$X_1 = \frac{dX}{dt}, \quad Y_1 = \frac{dY}{dt}, \quad X_2 = \frac{dX_1}{dt}, \quad Y_2 = \frac{dY_1}{dt} \text{ usw.}$$

2. Die Eigengruppe eines Elementes. Wenn bei einer n-gliedrigen Gruppe eine eingliedrige Untergruppe durch Wahl eines Elementes $(n-1)$ der Ordnung bestimmt ist, von dem eine Bahnkurve ausgeht, so wollen wir diese Untergruppe die Eigengruppe des Elementes nennen. So ist z. B. bei ebenen Bewegungen die Eigengruppe eines Krümmungselementes die Gesamtheit der Drehungen um den Mittelpunkt des Kreises, dem das Element angehört.

Man findet dann die Eigengruppe eines Elementes durch Auflösung der Gleichungen

$$X = x_1, \quad Y = y_1, \quad X_1 = x_2, \quad Y_1 = y_2 \ldots$$

Wir wollen dies ausführen für die spezielle lineare Gruppe der Ebene, die Gruppe der „Affingeometrie" mit den fünf erzeugenden infinitesimalen Transformationen

$$\begin{aligned} X &: 1, \ 0, \ y, \ 0, \ \ x \\ Y &: 0, \ 1, \ 0, \ x, \ -y \end{aligned}$$

und dem durch

$$x_1 y_2 - y_1 x_2 = 1$$

festgelegten Affinparameter t.

Die Eigengruppe des Elementes $(x, y;\ x_1, y_1;\ x_2, y_2;\ x_3, y_3)$

$$a_1 U_1(f) + a_2 U_2(f) + a_3 U_3(f) + a_4 U_4(f) + a_5 U_5(f)$$

wird hier durch Auflösung der sechs Gleichungen

$$\begin{aligned}
a_1 \quad + a_3 y \qquad\quad + a_5 x &= X = x_1, \\
a_2 \qquad\quad + a_4 x - a_5 y &= Y = y_1, \\
a_3 y_1 \qquad\quad + a_5 x_1 &= X_1 = x_2, \\
a_4 x_1 - a_5 y_1 &= Y_1 = y_2, \\
a_3 y_2 \qquad\quad + a_5 x_2 &= X_2 = x_3, \\
a_4 x_2 - a_5 y_2 &= Y_2 = y_3
\end{aligned}$$

zu berechnen sein.

Den bei dieser Untergruppe festbleibenden „Affindrehpunkt" $(\bar{x}, \bar{y})$ bestimmt man, nachdem die a berechnet sind, aus

$$\begin{aligned}
a_1 \quad + a_3 \bar{y} \qquad\quad + a_5 \bar{x} &= 0, \\
a_2 \qquad\quad + a_4 \bar{x} - a_5 \bar{y} &= 0
\end{aligned}$$

und erhält

$$\bar{x} = x_2 \frac{(1 + xy_3 - yx_3)}{x_2 y_3 - x_3 y_2} + x_1 (xy_2 - yx_2),$$

$$\bar{y} = y_2 \frac{(1 + xy_3 - yx_3)}{x_2 y_3 - x_3 y_2} + y_1 (xy_2 - yx_2).$$

Die Kurven mit gegebenem Affindrehpunkt ihrer Elemente sind dann die Kegelschnitte, die diesen Punkt zum Mittelpunkt haben.

3. Das Extremalenproblem. Ganz von selbst wird man durch den Eigenparameter auf das Variationsproblem geführt, diejenigen Kurven zu bestimmen, für welche die Variation

$$\delta \int dt$$

zu Null wird. Bei den Bewegungen erhält man als Extremalen Gerade, also Bahnkurven einer Untergruppe. Auch die Bahnkurven der allgemeinsten Untergruppe, die Kreise, sind Extremalen eines invarianten isoperimetrischen Problems. So wird man auf die Frage geführt, wie wohl die Bahnkurven aller Untergruppen einer gegebenen Gruppe als Extremalen invarianter Variationsprobleme gedeutet werden können.

§ 2. Die Gruppe der ebenen Inversionen.

1. Bestimmung der Inversionskrümmung. Es sei ϱ der Krümmungsradius, τ der Neigungswinkel der Tangente, t der oben (§ 1, Nr. 1) eingeführte Eigenparameter, so daß die Beziehung gilt

$$\varrho_1 = \varrho \tau_1^{-1}.$$

Ist dann x, y der Punkt der Kurve, u, v der zugehörige der Evolute, also

$$u = x - \varrho \sin \tau, \quad v = y + \varrho \cos \tau$$

$$u_1 = -\varrho_1 \sin \tau, \quad v_1 = \varrho_1 \cos \tau,$$

so findet man folgende Tabelle der Zuwachsgrößen

U, V, P, U_1, V_1, T von $u, v, \varrho, u_1, v_1, \tau$

U:	1	0	$-v$	u	$\frac{u^2 - v^2 + \varrho^2}{2}$	uv
V:	0	1	u	v	uv	$\frac{-u^2 + v^2 + \varrho^2}{2}$
P:	0	0	0	ϱ	$u\varrho$	$v\varrho$
U_1:	0	0	$-\varrho_1 \cos\tau$	$-\varrho_1 \sin\tau$	$\varrho_1(\varrho - u\cos\tau - v\sin\tau)$	$\varrho_1(u\cos\tau - v\sin\tau)$
V_1:	0	0	$-\varrho_1 \sin\tau$	$\varrho_1 \cos\tau$	$\varrho_1(u\cos\tau - v\sin\tau)$	$\varrho_1(\varrho + u\sin\tau - v\cos\tau)$
T:	0	0	1	0	$v - \varrho\cos\tau$	$-u - \varrho\sin\tau$

Die Erweiterungen für die Zuwachsgrößen von τ_1, τ_2, τ_3 ergeben bei den vier ersten Gruppen (Bewegung und Ähnlichkeit) Null, bei der fünften

$$T_1 = \varrho \sin \tau\, \tau_1$$
$$T_2 = \varrho(\sin \tau\,(1 + \tau_2) + \cos \tau . \tau_1^2)$$
$$T_3 = \varrho(\sin \tau\,(\tau_1^{-1} + \tau_2 \tau_1^{-1} + \tau_3 - \tau_1^3) + \cos \tau (2\tau_1 + 3\tau_1 \tau_2))$$

und bei der sechsten

$$T_1 = -\varrho \cos \tau\, \tau_1$$
$$T_2 = \varrho(-\cos \tau\,(1 + \tau_2) + \sin \tau . \tau_1^2)$$
$$T_3 = \varrho(-\cos \tau\,(\tau_1^{-1} + \tau_2 \tau_1^{-1} + \tau_3 - \tau_1^3) + \sin \tau\,(2\tau_1 + 3\tau_1 \tau_2)).$$

Hieraus erhält man zur Bestimmung der niedrigsten Differentialinvariante das leicht zu integrierende vollständige System

$$\tau_1 \frac{\delta f}{\delta \tau_1} + (1 + \tau_2)\frac{\delta f}{\delta \tau_2} + (\tau_1^{-1} + \tau_2 \tau_1^{-1} + \tau_3 - \tau_1^3)\frac{\delta f}{\delta \tau_3} = 0,$$

$$\tau_1 \frac{\delta f}{\delta \tau_2} + (2 + 3\tau_2)\frac{\delta f}{\delta \tau_3} = 0$$

mit der Lösung

$$J = 2\tau_2 \tau_1^{-2} + \frac{3}{2}\tau_2^2 \tau_1^{-2} - \tau_3 \tau_1^{-1} - \frac{\tau_1^2}{1} + \frac{\tau_1^{-2}}{2}.$$

Diese Invariante ist die I n v e r s i o n s k r ü m m u n g.[1])

Bei der logarithmischen Spirale

$$r = a e^{\varkappa \varphi}$$

ist

$$\frac{d\varrho\, ds}{\varrho^2} = \varkappa\, d\varphi^2,$$

also

$$\varphi = t \varkappa^{-\frac{1}{2}},$$

und die Inversionskrümmung wird

$$J = \frac{\varkappa - \varkappa^{-1}}{2}.$$

Es haben also die logarithmischen Spiralen und die aus ihnen durch Inversion hervorgehenden Isogonaltrajektorien orthogonaler Kreisbüschel (Loxodromen) konstantes J.[2])

---

[1]) Vgl. „J. II" § 3, 1.

[2]) Bei dieser Gruppe von Punkttransformationen ist ein und dieselbe Kurvenart, nämlich die Loxodromen, durch drei Eigenschaften ausgezeichnet. Sie sind die Bahnkurven der eingliedrigen Untergruppen, die Extremalen des Variationsproblems und die Kurven konstanter „Krümmung". Dasselbe gilt für die LAGUERREsche Gruppe der „Transformations par directions récproques" (FANO a. a. O. Nr. 14), die ebenfalls Kreise — nicht als Punktorte, sondern als Stützkurven von Geraden aufgefaßt — in Kreise überführt. Hier vereinigt die sechsgliedrige Kurvenschar der Kreisevolventen und der aus ihnen durch die

2. Die invariant verknüpften Kreisbüschel. Sechs benachbarte Punkte einer Kurve (oder fünf Linienelemente) bestimmen die oskulierende Loxodrome, deren singuläre (asymptotische) Punkte dann die Nullkreise des hyperbolischen und die Grundpunkte des elliptischen Kreisbüschels sind, von dem je fünf benachbarte Kreise die Kurve unter gleichem Winkel $\psi(\frac{\pi}{2}-\psi)$ treffen.

Zur Bestimmung dieser beiden Punkte und des Winkels ψ ist selbstverständlich die Eigengruppe des Elementes zu verwenden. Es handelt sich also darum, die sechs infinitesimalen Transformationen

$$W_1(f) \ldots\ldots W_6(f)$$

so zu vereinigen

$$a_1 W_1 + a_2 W_2 + a_3 W_3 + a_4 W_4 + a_5 W_5 + a_6 W_6,$$

daß bei der entstehenden Untergruppe die Forderungen erfüllt sind

$$U = u_1,\ V = v_1,\ P = \varrho_1,\ T = \tau_1,\ T_1 = \tau_2,\ T_2 = \tau_3.$$

Man erhält so die Bedingungsgleichungen

$$\begin{array}{llllll}
a_1 & -a_3 v & +a_4 u & +a_5\left(\frac{u^2-v^2+\varrho^2}{2}\right) & +a_6 uv & = -\varrho_1 \sin\tau, \\
a_2 + a_3 u & +a_4 v & +a_5 uv & & +a_6\left(\frac{-u^2+v^2+\varrho^2}{2}\right) & = \varrho_1 \cos\tau, \\
a_3 & +a_4\varrho & +a_5 u\varrho & & +a_6 v\varrho & = \varrho_1, \\
& & +a_5(v-\varrho\cos\tau) & & +a_6(u-\varrho\sin\tau) & = \tau_1, \\
& & a_5\varrho\sin\tau\,\tau_1 & & -a_6\varrho\cos\tau\,\tau_1 & = \tau_2, \\
\multicolumn{4}{l}{\varrho^2 a(\sin\tau(1+\tau_2)+\cos\tau\,\tau_1^2)} & +a_6\varrho(-\cos\tau(1+\tau_2)+\sin\tau\,\tau_1^2) & = \tau_3,
\end{array}$$

Hieraus wären die a zu berechnen.

Die invarianten Nullkreise ($\bar{u}$, $\bar{v}$, $\bar{\varrho}=0$) findet man nachträglich aus den Forderungen

$$\bar{U} = a_1 - a_3\bar{v} \ldots \qquad + a_6\bar{u}\bar{v} = 0,$$

$$\bar{V} = a_2 + a_3\bar{u} \ldots \qquad a_6\left(\frac{-\bar{u}^2+\bar{v}^2}{2}\right) = 0,$$

die man durch Einführung von

$$z = \bar{u} + i\bar{v}$$

leicht in die eine zusammenfassen kann

$$a_2 - i a_1 + z(a_3 - i a_4) - (a_6 + i a_5) z^2 = 0.$$

Der Mittelpunkt M der die beiden Nullkreise verbindenden Strecke ist dann gegeben durch

$$x_0 + i y_0 = \frac{1}{2}\frac{a_3 - i a_4}{a_6 + i a_5}.$$

---

einfachste LAGUERREsche Inversion hervorgehenden Kurven die drei Eigenschaften. (Der „LAGUERRE-Parameter" ist durch

$$dt = \sqrt{d\varrho d\tau}$$

gegeben.)

Dieser Punkt M — eine Art Gegenstück zum Krümmungsmittelpunkt eines Krümmungselementes oder auch zum Affindrehpunkt eines Affinelementes (§ 1, Nr. 2) — liegt bei Loxodromen fest, bei logarithmischen Spiralen ist es der unendlich ferne Punkt der Ebene.

Man wird so von selbst auf die Frage geführt: Für welche Kurven liegt der Punkt M (also der Mittelpunkt der Strecke, die die Nullkreise des elliptischen Büschels verbindet, dessen Kreise die Kurve in je fünf benachbarten Linienelementen unter gleichem Winkel treffen) fest, so daß alle Elemente dasselbe M besitzen?

Indem man durch Inversion diesen Punkt ins Unendliche überträgt, wird man auf die Bedingungen

$$a_5 = a_6 = 0,$$

daher auch

$$\tau_2 = \tau_3 = 0$$

geführt, woraus folgt, daß in diesem Fall die Kurve eine logarithmische Spirale, allgemein eine Loxodrome ist.

Die einzigen Kurven mit festem M sind also die Loxodromen.

3. Eine Eigenschaft der Lemniskaten. Alle ein Linienelement enthaltenden Kreise haben ihren Mittelpunkt auf der Geraden, die das Linienelement senkrecht schneiden. Wir wollen ein Gegenstück zu dieser einfachen und trivialen Tatsache in der Inversionsgeometrie suchen. Wir wählen drei Nachbarpunkte auf einer Geraden und können auch noch fordern, daß die ∞^1 durch fünf Nachbarpunkte bestimmten Loxodromen die Gestalt von Doppelspangen haben, die aus zwei kongruenten, um den Winkel π gedrehten Teilen bestehen. Es zeigt sich, daß die Loxodromen dann durch die Gleichungen

$$x + iy = z = a e^{i\alpha} \sqrt{\sin 2\alpha} \left(\frac{1-f}{1+f}\right),$$

$$f = e^{\varphi (i - \operatorname{cotg} \alpha)}$$

gegeben sind. a ist konstant, α verschieden für die Loxodromen.

Wir fragen jetzt nach dem geometrischen Ort der asymptotischen Punkte ($\varphi = \pm \infty$), also der Nullkreise der hyperbolischen Büschel, welche die Lemniskaten jeweils unter konstantem Winkel (α) schneiden.

Man erhält

$$x + iy = \pm a e^{i\alpha} \sqrt{\sin 2\alpha}$$

oder durch Elimination von α

$$(x^2 + y^2)^2 = 2a^2 xy.$$

Die Lemniskate mit ihren Inversen vertritt also in der Inversionsgeometrie die Rolle, die in der euklidischen Geometrie die Gerade als Ort der Mittelpunkte der Kreise eines Berührungsbüschels spielt.

§ 3. Minimalflächen konstanter Inversionskrümmung.

An anderer Stelle ist darauf hingewiesen worden, daß die einzigen Minimalflächen konstanter Inversionskrümmung die Minimalregelflächen sind, also die gerade Schraubenfläche und die LIEsche imaginäre Fläche.[1]) Der Beweis für diese Behauptung soll hier noch mitgeteilt werden.

Die beiden durch die Beziehung

$$J_1 + J_2 = 1$$

verbundenen Invarianten haben die Form

$$J_1 = \frac{R_2^2}{(R_1 - R_2)^2}\left\{\frac{R_1^2}{e^2 g^2}\left(e_v^2 - g_u^2 + 2 g g_{uu} - \frac{2 g e_u g_u}{e}\right) + 1\right\},$$

$$J_2 = \frac{R_1^2}{(R_1 - R_2)^2}\left\{\frac{R_2^2}{e^2 g^2}\left(g_u^2 - e_v^2 + 2 e e_{vv} - \frac{2 e e_v g_v}{g}\right) + 1\right\}.$$

Dabei ist das Bogenelement in der Form

$$e^2 du^2 + g^2 dv^2 \quad (E = e^2,\ G = g^2,\ F = 0)$$

vorausgesetzt und es sind Krümmungslinien als Parameterkurven eingeführt.

Die beiden CODAZZIschen Formeln

$$L_v = \tfrac{1}{2} E_v \left(\frac{L}{E} + \frac{N}{G}\right)$$

$$N_u = \tfrac{1}{2} G_u \left(\frac{L}{E} + \frac{N}{G}\right)$$

ergeben dann mit

$$R_1 = \frac{E}{L}, \quad R_2 = \frac{G}{N}$$

und

$$R_1 + R_2 = 0$$

den Ausgangspunkt.

Es wird zunächst

$$L_v = N_u = 0,$$

---

[1]) „J. I." S. 18. Die Formeln für die Inversionskrümmung von Flächen daselbst Seite 16.

und da die Krümmungslinien ein isothermes Netz bilden, so ist zu setzen
$$E = G = w^2(u, v)$$
oder
$$e = g = w(u, v).$$

Es ist also aus
$$R_1 + R_2 = w^2\left(\frac{1}{L(u)} + \frac{1}{N(v)}\right)$$
weiter zu folgern
$$L(u) = -N(v) = c,$$
oder
$$R_1 = w^2 c^{-1}, \quad R_2 = -w^2 c^{-1}.$$

Demnach kommt, wenn die Differentiationen nach u und v durch die Fußmarken 1 und 2 bezeichnet werden,
$$J_1 = \tfrac{1}{4}\left(c^{-2}(2w w_{11} + w_2^2 - 3w_1^2) + 1\right),$$
$$J_2 = \tfrac{1}{4}\left(c^{-2}(2w w_{22} + w_1^2 - 3w_2^2) + 1\right),$$
und es soll w dann so bestimmt werden, daß diese Größen konstant sind und ihre Summe gleich Eins. Dies führt auf die Gleichungen
$$2w w_{11} + w_2^2 - 3w_1^2 = c^2(1 + \varkappa),$$
$$2w w_{22} + w_1^2 - 3w_2^2 = c^2(1 - \varkappa).$$

Hier führt man noch $u + v$ und $u - v$ an Stelle von u und v ein und erhält
$$2w(w_{11} + 2w_{12} + w_{22}) + (w_1 - w_2)^2 - 3(w_1 + w_2)^2 = c^2(1 + \varkappa),$$
$$2w(w_{11} - 2w_{12} + w_{22}) + (w_1 + w_2)^2 - 3(w_1 - w_2)^2 = c^2(1 - \varkappa).$$
Hierfür kann geschrieben werden
$$2w(w_{11} + w_{22}) - 2w_1^2 - 2w_2^2 = c^2,$$
$$4ww_{12} - 8w_1w_2 = c^2\varkappa.$$
Schließlich gibt die Substitution
$$w = \frac{c}{2}e^{\lambda}$$
die einfachen Differentialgleichungen:
$$\lambda_{11} + \lambda_{22} = 2e^{-2\lambda},$$
$$\lambda_{12} - \lambda_1\lambda_2 = \varkappa e^{-2\lambda}.$$

Unsere Aufgabe ist jetzt darauf zurückgeführt, festzustellen, wann diese beiden Gleichungen verträglich sind — es wird sich daraus ergeben, daß man $\varkappa$ gleich Null nehmen muß. Sodann aber sind die Minimalflächen wirklich zu bestimmen.

Man setzt zunächst
$$\lambda_{11} = e^{-2\lambda} + \mu,$$
$$\lambda_{22} = e^{-2\lambda} - \mu,$$
$$\lambda_{12} = \varkappa e^{-2\lambda} + \lambda_1\lambda_2.$$

Berechnet man λ_{112} doppelt, so folgt

$$\mu_2 = e^{-2\lambda}(3\lambda_2 - \varkappa\lambda_1) + \lambda_1^2\lambda_2 + \mu\lambda_2,$$

und entsprechend bei Doppelberechnung von λ_{122}

$$\mu_1 = e^{-2\lambda}(-3\lambda_1 + \varkappa\lambda_2) - \lambda_1\lambda_2^2 + \mu\lambda_1.$$

Aus $\mu_{21} = \mu_{12}$ folgt dann

$$\varkappa e^{-2\lambda} + \varkappa(\lambda_1^2 + \lambda_2^2) - 2\lambda_1\lambda_2 = 0.$$

Neben diese partielle Differentialgleichung erster Ordnung tritt eine zweite, die man erhält, wenn man einmal nach u und einmal nach v differenziert, dann λ_{12} eliminiert und schließlich den Wert $2e^{-2\lambda}$ von $\lambda_{11} + \lambda_{22}$ einsetzt. Es kommt dann:

$$e^{-2\lambda}\{(2-4\varkappa^2)\lambda_1\lambda_2 + \varkappa^3(\lambda_1^2 + \lambda_2^2)\} + \lambda_1\lambda_2\{(\varkappa^2+1)(\lambda_1^2+\lambda_2^2) - 4\varkappa\lambda_1\lambda_2\} = 0$$

und damit ist die Untersuchung der Verträglichkeit von zwei partiellen Differentialgleichungen zweiter Ordnung auf die von zwei Gleichungen erster Ordnung zurückgeführt.

Man hat nun noch $\lambda_1 e^{\lambda}$ und $\lambda_2 e^{\lambda}$ aufzulösen und wird wieder durch weitere Differentiation darauf geführt, daß $\varkappa$ gleich Null sein muß und λ_1 oder λ_2. Beide Fälle sind grundsätzlich nicht verschieden; wir werden, zu den ursprünglichen u und v zurückkehrend, fordern, daß w von $(u+v)$ abhängt.

Dann kommt die Differentialgleichung

$$2ww'' - 2(w')^2 = c^2$$

zur Bestimmung von w als Funktion von $u+v$, und die Invarianten werden

$$J_1 = \tfrac{1}{4}(c^{-2}(2ww'' - 2(w')^2) + 1) = \tfrac{1}{2} = J_2.$$

Wir erkennen also: W e n n e s ü b e r h a u p t M i n i m a l f l ä c h e n k o n s t a n t e r K o n f o r m k r ü m m u n g g i b t, d a n n i s t f ü r s i e

$$J_1 = J_2 = \tfrac{1}{2}.$$

Es ist dann noch die Bestimmung der Minimalflächen, also die Integration der Differentialgleichung für w auszuführen. Mit Unterdrückung unwesentlicher Integrationskonstanten erhält man die wesentlich verschiedenen Lösungen

$$1.\quad w = \sqrt{\frac{-c^2}{2}}\,(u+v),$$

$$2.\quad w = \frac{c}{\sqrt{2}}\,ch\,(u+v).$$

Die erste Form kommt dem Linienelement der LIEschen Fläche zu, die zweite dem der geraden Schraubenfläche.

In der Tat: Die LIEsche Fläche

$$x = \frac{u^3}{6k^2} - u + \frac{u}{k}v,$$

$$y = -\frac{iu^3}{6k^2} - i\frac{u}{k}v,$$

$$z = -\frac{u^2}{2k} - v$$

hat das Bogenelement

$$ds^2 = \left(1 - \frac{2v}{k^2}\right) du^2 + dv^2$$

und ihre Krümmungslinien sind bestimmt durch

$$dv^2 - \left(1 - \frac{2v}{k}\right) du^2 = 0.$$

Durch die Substitution

$$u = u_1 - v_1, \quad \sqrt{1 - \frac{2v}{k}} = \frac{u_1 + v_1}{k}$$

werden also die Krümmungslinien als Parameterkurven eingeführt und man erhält

$$ds^2 = \frac{(u_1 + v_1)^2}{k}(du_1 - dv_1)^2 + \frac{k^2}{4} d^2 \left(1 - \frac{(u_1 + v_1)^2}{k^2}\right)$$

$$= \frac{2}{k}(u_1 + v_1)^2 (du_1^2 + dv_1^2),$$

was dem ersten w entspricht.

Der Zusammenhang des zweiten w mit der Schraubenfläche ist in „J. I.", S. 18 dargelegt. —

Damit ist dann der zu Anfang des Paragraphen aufgestellte Satz bewiesen.

FSC
www.fsc.org
MIX
Papier | Fördert
gute Waldnutzung
FSC® C083411

Zeitfracht Medien GmbH
Ferdinand-Jühlke-Straße 7
99095 Erfurt, Deutschland
produktsicherheit@kolibri360.de